Électrons dans la Matière et Lien avec l'Oxydoréduction

Par Dr. Malika Ammam

Copyright© 2017 Malika Ammam. Tous droits réservés.

Offres de Remise

5% de réduction pour des achats de 1 à 5 livres.

8% de réduction pour des achats de plus de 5 livres.

Pour recevoir la remise, envoyez votre demande via https://www.malika-ammam.com/ avec les détails de votre commande et compte PayPal. Assurez-vous que les détails de votre commande (Amazon ou autres sites) ont dépassé la politique de retour de 30 jours.

Merci,

Introduction

En tant que professeure de chimie physique, j'ai remarqué que les étudiants, même dans des classes avancées, ont des difficultés à comprendre les bases d'oxydoréduction (chimie redox ou électrochimie). Cette Section 2 résume certains principes fondamentaux relatifs aux électrons incluant la structure atomique, le tableau périodique, les principaux modèles électroniques, la configuration électronique et les niveaux d'énergie des électrons. En particulier, l'identification de la configuration électronique des éléments et la visualisation des électrons dans leurs couches externes sont des concepts très importants pour comprendre les processus d'oxydoréduction. Pour clarifier davantage les concepts discutés, un grand nombre de questions et problèmes avec réponses détaillées sont fournis. La plupart de ces questions sont formulées par des étudiants comme vous. Je crois que cette Section 2 aiderait grandement les étudiants avec des niveaux variant de l'école secondaire aux cours universitaires avancés.

Sommaire

Il faut garder à l'esprit que toutes les réactions d'oxydoréduction sont des processus chimiques, mais pas toutes les réactions chimiques sont redox. L'oxydoréduction, également connue sous le nom d'électrochimie, implique la perte ou gain d'électrons, et également peut suivre le mouvement d'électrons consommés ou libérés au cours de processus. Les électrons existent depuis les premiers stades de la formation de l'Univers pendant le Big Bang. Ces particules subatomiques, appelées électrons, font partie des atomes, des molécules et de la matière en général. Pour mieux comprendre les processus électrochimiques, certaines notions de base concernant les électrons sont discutées dans cette section, y compris la structure des atomes, le tableau périodique, les principaux modèles électroniques, la configuration électronique et les niveaux d'énergie des électrons.

1. **Atomes comme blocs de construction**

1.1. Matière et substances

La matière concerne tout ce qui existe physiquement, qui a une masse et pourrait occuper un espace. Elle est formée d'atomes, assemblés de manière à lui donner les propriétés physiques et chimiques appropriées[1-2]. Les atomes ne peuvent pas être détruits par des procédures chimiques ordinaires. Tous les atomes découverts à ce jour sont rassemblés dans un tableau, appelé le tableau périodique des éléments. Des exemples incluent l'hydrogène (H), l'oxygène (O), le zinc (Zn), l'or (Au), l'uranium (Ur), entre autres. La matière peut être assemblée par les mêmes atomes (comme le fer, cuivre, argent) ou par un mélange d'atomes différents (comme l'eau, plastique, verre).

Au niveau macroscopique, les substances composées de même type de matière avec composition et propriétés distinctes sont appelées substances pures. Des exemples comprennent divers métaux purs (comme l'or, le cuivre, l'argent) ou des gaz purs (comme l'hydrogène, l'oxygène, l'azote). Ces substances pures ne peuvent pas être séparées par des processus physiques, tels que la filtration, centrifugation et distillation. Les substances pures peuvent également contenir des composés formés de deux éléments ou plus (comme l'eau pure, l'huile d'olive pure, l'ammoniac pur). Contrairement à la première catégorie, ces substances peuvent être décomposées en leurs éléments ou atomes constitutifs en utilisant des processus chimiques, tels que l'analyse élémentaire.

Deux ou plusieurs substances de proportions différentes forment des mélanges. Contrairement aux substances pures, les mélanges peuvent être séparés au moyen de procédés physiques, tels que la filtration, distillation et/ou centrifugation pour donner des composés séparés. Selon la taille des particules de chaque composé, les mélanges pourraient être classés comme homogènes ou hétérogènes. Les mélanges homogènes ont des compositions et des propriétés uniformes en termes de couleur et distribution de soluté/solvant à travers le mélange (HCl mélangé avec l'eau). Au contraire, les mélanges hétérogènes ont différentes distributions des constituants dans le mélange (l'huile d'olive mélangée avec l'eau). Cela facilite la séparation des mélanges hétérogènes par des processus physiques pour identifier les constituants principaux (séparation d'huile d'olive de l'eau).

1.2. Éléments et structures d'atomes

Un élément est constitué par un réseau de mêmes atomes[3-7]. Par exemple, une tige d'or (pureté 99%) est constituée de 99% d'atomes d'or. Le 1% restant représente des impuretés, qui peuvent être du cuivre (Cu), du fer (Fe), du manganèse (Mn), entre autres. Les atomes de divers éléments présents dans le tableau périodique ont des structures différentes, donc des poids et des propriétés chimiques différents. Notez bien que tout élément analysé jusqu'à présent est constitué d'un ou plusieurs atomes. Contrairement aux substances ou composés qui pourraient être détruites et transformés en d'autres formes, les atomes sont indestructibles mais leurs structures pourraient être modifiées.

Du point de vue structurel, les atomes sont constitués de mêmes composants: un noyau chargé positivement entouré d'électron(s) chargé(s) négativement pour former une unité neutre[3-5]. Le noyau contient deux particules subatomiques: des protons et des neutrons avec des masses presque similaires. Les neutrons sont électriquement neutres (change 0) et les protons sont chargés positivement (+1). Les masses du neutron et du proton sont respectivement de 1,00728 amu et 1,00867 amu, où amu représente l'unité de masse standard équivaut à $1,660539040(20) \times 10^{-27}$ Kg, ce qui signifie qu'il y a $6,022140857 \times 10^{23}$ (ou nombre d'Avogadro) dans 1 amu.

Les électrons sont des particules subatomiques chargées négativement tournant autour du noyau à des vitesses élevées. La masse d'un électron est 0,000549, ce qui est 1836 plus léger que celui du noyau et sa charge est de -1. Les électrons chargés négativement sont liés aux protons du noyau chargés positivement par des forces électromagnétiques. Dans les états fondamentaux stables, le nombre total de protons est équivaut à celui des électrons et la charge globale de l'atome est neutre. Cependant, les électrons peuvent être éjectés ou ajoutés aux atomes. Gardez à l'esprit que les électrons impliqués dans les réactions chimiques et oxydoréduction sont ceux qui occupent les couches supérieures (ou couche de valence), qui déterminent principalement les propriétés chimiques des atomes et des substances.

Le nombre de protons dans le noyau est appelé le numéro atomique Z, ce qui équivaut au nombre d'électrons dans les atomes neutres. Notez bien que Z est très important dans les réactions d'oxydoréduction et souvent utilisé pour exprimer la charge atomique en termes de perte ou de gain d'électrons. Le nombre de masse (A) d'un atome est défini comme étant: A = Z + N, où Z est le numéro atomique (ou nombre de protons) et N est le nombre de neutrons.

1.3. Quelques caractéristiques des atomes

Les atomes sont caractérisés par un rayon atomique mesuré depuis le centre du noyau jusqu'à la limite de la couche électronique supérieure[3-9]. Pour des raisons de simplification, les atomes sont souvent considérés comme des sphères mais la structure est plus complexe. Parce que les électrons se déplacent constamment autour du noyau à des vitesses très élevées, ils n'ont pas de position définie et par conséquent leur présence est exprimée en termes de probabilité de distribution dans les orbitales atomiques ou des sous-couches. Le rayon atomique varie entre 0,3 et 3 angströms (Å), ce qui est environ 105 fois plus élevé que le rayon du noyau.

Les atomes sont caractérisés par des électronégativités, définies comme étant la capacité de l'atome à attirer les électrons vers lui[3-7,10-11]. L'électronégativité dépend à la fois du nombre atomique Z et de la distance séparant le noyau des électrons de valence. Un nombre élevé de protons et des distances plus courtes vers la couche de valence devraient induire des électronégativités élevées. Les atomes avec des valeurs d'électronégativité élevées attirent facilement les électrons à leurs couches de valence. En revanche, les atomes avec des faibles électronégativités ont plus tendance à donner des électrons de leurs couches de valences lorsqu'ils interagissent avec d'autres atomes ayant des électronégativités plus élevées. Notez bien que l'électronégativité est une propriété plus associée à un atome dans une molécule plutôt qu'à un atome seul, mais l'affinité électronique et l'énergie d'ionisation soient plus appropriées pour des atomes séparés.

Les atomes peuvent également être distingués par leurs énergies d'ionisation (ou potentiels d'ionisation), définies comme étant la quantité d'énergie nécessaire pour arracher les électrons les plus faiblement liés à la couche de valence pour former des cations[3-7,12]. Chaque électron dans un atome est caractérisé par sa propre énergie d'ionisation. Les électrons proches du noyau ont des énergies d'ionisation plus élevées car ils sont fortement liés par des forces électrostatiques aux protons du noyau. En revanche, les électrons situés dans la couche de valence à des distances appréciables du noyau sont faciles à éjecter (enlever ou oxyder), donc leurs énergies d'ionisation sont faibles. Le potentiel d'ionisation est très utile en électrochimie puisqu'il décrit l'énergie nécessaire pour arracher un électron lors d'un processus d'oxydation.

2. Tableau périodique des éléments

La première classification des éléments a été proposée en 1869 par " Dmitri Mendeleev ", et était basée sur le placement des masses atomiques par ordre croissant pour former des colonnes d'éléments ayant des propriétés physiques et chimiques similaires[4-6,13]. Le tableau périodique moderne utilise le même principe mais plus avancé et contient plus d'éléments découverts. En 2016, un total de 118 éléments ont été découverts, allant du plus simple ''hydrogène'' à l'élément le plus complexe découvert à ce jour ''oganesson''. Chaque élément est représenté par un symbole d'abréviation unique, qui ne correspond pas nécessairement à son nom en anglais en raison de leurs différentes origines de découverte. Par exemple, l'or découvert 3000 avant JC, a été nommé en latin "Aurum", et par conséquent a été symbolisé comme "Au". De même, le fer vient du latin "Ferrum" et symbolisé par "Fe". Ces éléments sont classifiés en groupes allant de 1 à 18 et en rangées (ou périodes) de 1 à 7, avec deux rangées supplémentaires représentant les lanthanides et actinides.

Les éléments du tableau périodique pourraient être organisés en fonction de leurs configurations électroniques, qui déterminent leurs propriétés chimiques. Dans le tableau périodique, les éléments peuvent être identifiés par des groupes, des périodes ou même des blocs. Les éléments de la même colonne (groupe) partagent les caractéristiques d'avoir la même configuration électronique de la couche de valence. Ils sont organisés par nombre atomique croissant de haut en bas du tableau périodique. Cependant, certaines parties de tableau périodique ne suivent pas nécessairement cette tendance, comme le bloc-d ou bloc-f, où des similitudes apparaissent quand on se déplace le long de la direction horizontale. Les groupes les plus connus sont les métaux alcalins (groupe 1), les métaux alcalino-terreux (groupe 2), les halogènes (groupe 17), les gaz nobles (groupe 18) et les métaux de transition (groupes 3 à 12).

Les éléments du même groupe montrent un rayon atomique croissant de haut en bas. Certaines exceptions à cette règle existent lorsque la contraction atomique se produit en raison de fortes forces d'attraction entre les électrons et le noyau, comme dans certains métaux de transition. L'énergie d'ionisation diminue de haut en bas dans une période en raison de l'augmentation du rayon atomique. Aussi, plus les électrons de valence sont loin du noyau, plus ils deviennent moins liés, ce qui les rend plus faciles à éjecter (ou oxyder) en utilisant des plus faibles énergies d'ionisation. L'augmentation de la distance entre les électrons de valence et le noyau, de haut en bas dans une période, réduit également l'électronégativité puisque les électrons s'éloignent de plus en plus du noyau. Certaines exceptions peuvent également s'appliquer à cette règle.

Les périodes peuvent également être utilisées pour identifier et comparer les éléments du tableau périodique, en particulier pour les groupes qui ne montrent pas de tendances raisonnables. Les périodes sont particulièrement utiles pour comparer les éléments des lanthanides et d'actinides, car la tendance horizontale a plus de sens que la verticale (groupe). De même que pour les groupes, les propriétés chimiques peuvent également être comparées suivant des périodes, y compris le rayon atomique, l'énergie d'ionisation et l'électronégativité. De gauche à droite, le rayon atomique diminue, donc l'énergie d'ionisation et l'électronégativité augmentent.

Le tableau périodique peut également être divisé en plusieurs blocs, chacun regroupant un certain nombre d'éléments organisés en fonction de leurs électrons de valence. Chaque bloc contient des éléments avec des électrons occupant la même sous-couche ou orbitale externe, à savoir s, p, d et f. Le bloc-s regroupe les deux premiers groupes, le bloc-p rassemble les six derniers groupes, le bloc-d aussi connu comme le bloc des métaux de transition regroupe rassemble les groupes 3 à 12, et le bloc-f est caractéristique des lanthanides et actinides.

3. **Modèles électroniques des atomes**

Comme mentionné ci-dessus, les atomes sont constitués d'un noyau contenant des protons chargés positivement et des neutrons neutres. Le noyau est entouré d'électrons chargés négativement se déplaçant autour de lui à grande vitesse. Les atomes dans les états fondamentaux n'ont pas de charge puisque le nombre d'électrons est égal à celui des protons. Cependant, les atomes peuvent faire l'objet de réactions chimiques pour perdre un ou plusieurs électrons et former des espèces chargées positivement (cations). Ils peuvent aussi gagner un ou plusieurs électrons pour former des espèces chargées négativement (anions). Les deux processus de perte et gain d'électrons sont fondamentaux en chimie d'oxydoréduction (ou électrochimie).

Parce que les électrons ont des masses très petites par rapport à celle du noyau (1/1800) et que la charge absolue des électrons est égale à celle des protons, les deux parties (noyau et électrons) sont attachées les unes aux autres par des forces d'attraction coulombiennes. Les électrons n'occupent aucune position définie autour du noyau, mais ils se déplacent à grande vitesse, formant des nuages électroniques. Leurs positions à l'instant t sont donc exprimées en termes de probabilité de présence dans un niveau d'énergie ou orbitale.

Fondamentalement, il y a sept niveaux d'énergie correspondant aux sept périodes (lignes) du tableau périodique, qui pourraient être occupées par des électrons dans leurs états fondamentaux (modèle de Bohr) [4-7,14-15]. Ces niveaux d'énergie sont quantifiés, ce qui signifie que les électrons ne peuvent pas occuper des espaces entre ces niveaux définis. Les électrons de valence (ou ultrapériphériques) remplissent le niveau d'énergie correspondant au numéro de la période. Chacun des sept niveaux d'énergie pourrait accepter un nombre maximum d'électrons, résumés dans le tableau 1.

Tableau 1: Nombre maximal d'électrons pouvant occuper chaque niveau d'énergie.

Niveau d'énergie	1	2	3	4	5	6	7
Nombre maximal d'électrons	2	8	18	32	50	72	98

Les électrons dans chaque niveau d'énergie sont répartis sur plusieurs sous-niveaux appelés orbitales (s, p, d, f, g), de bas à haute énergie. L'orbitale s pourrait contenir jusqu'à deux électrons. L'orbitale p est divisée en trois différentes sous-orbitales p, chacune peut contenir un maximum de deux électrons. Les orbitales d et f sont divisées respectivement en cinq et sept sous-orbitales différentes, chacune pouvant contenir jusqu'à deux électrons. Les électrons sont répartis dans ces orbitales selon un schéma prédéterminé, des orbitales les plus basses vers les plus hautes possible en énergie.

4. Structure électronique
4.1. Nombres quantiques

La position de chaque élément dans le tableau périodique suit souvent sa configuration électronique. La théorie quantique basée sur les solutions de l'équation de Schrödinger pourrait être utilisée pour remplir les couches électroniques et déterminer la configuration électronique des éléments[14-17]. Le modèle de Schrödinger propose quatre nombres quantiques, à savoir n, l, m et s. Les trois premiers nombres décrivent l'orbitale occupée par l'électron et le quatrième représente les caractéristiques de l'électron dans l'orbite en termes d'orientation (ou spin).

n est le nombre quantique principal ayant des entiers positifs (1, 2, 3, etc.), mesurant la distance d'une orbitale de noyau. Les orbitales ayant le même *n* sont contenues dans la même couche, et le plus élevé *n* de chaque élément correspond au numéro de sa rangée dans le tableau périodique. Le nombre maximum d'électrons pouvant occuper le $n^{ième}$ niveau d'énergie est $2n^2$.

l est le nombre quantique azimutal caractérisant la forme ou géométrie de l'orbitale et son moment angulaire. *l* pourrait avoir des entiers de 0 à (*n* - 1). Les orbitales ayant les mêmes valeurs de *n* et *l* sont contenues dans la même sous-couche, chacune pouvant être remplie avec (4*l* + 2) électrons. Les valeurs de *l* = 0, 1, 2, 3 et 4 correspondent à des sous-couches désignées par *s*, *p*, *d*, *f* et *g*, respectivement.

m est le nombre quantique magnétique avec des valeurs entières allant de -*l* à *l*, représentant des orbitales spécifiques dans des sous-couches. Une couche contenant une orbitale *s* aura une valeur *m* de 0. Les couches contenant des orbitales *p* se diviseront toujours en 3 différentes sous-orbitales *p*, avec des valeurs correspondantes de *m* = -1, 0 et 1. Chaque sous-orbitale pourrait contenir un maximum de deux électrons.

$\mathcal{S}$ est le nombre quantique de spin représentant le moment angulaire intrinsèque de l'électron. Les deux électrons occupant chaque orbitale pourraient être considérés comme de minuscules aimants tournant autour de leur axe dans le sens horaire ou anti-horaire. Ainsi, chaque électron dans l'orbitale pourrait avoir la valeur -1/2 ou +1/2, correspondant respectivement aux deux orientations haut ou bas.

En résumé, les sous-couches *s* peuvent contenir jusqu'à (4 × 0 + 2 = 2 électrons), *p* jusqu'à (4 × 1 + 2 = 6 électrons) et *d* jusqu'à (4 × 2 + 2 = 10). Pour chaque sous-couche, les valeurs de $\mathcal{S}$ peuvent être de -1/2 ou +1/2. Dans un atome, le principe d'exclusion de Pauli indique que chaque électron doit avoir un ensemble différent des quatre nombres quantiques. Le tableau 2 donne un résumé des quatre nombres quantiques pour *n* = 1, 2 et 3.

Tableau 2: Résumé des nombres quantiques pour *n* = 1, 2 et 3.

n	1	2		3		
l	0	0	1	0	1	2
Sous couche	1*s*	2*s*	2*p*	3*s*	3*p*	3*d*
m	0	0	−1, 0, 1	0	−1, 0, 1	−2, −1, 0, 1, 2
Nombre d'orbitales en sous-couche	1	1	3	1	3	5
Maximum d'électrons en sous-couche	2	2	6	2	6	10

4.2. Niveaux d'énergie des atomes et détermination des configurations électroniques

Les niveaux d'énergie des atomes contenant plusieurs électrons sont déterminés par les deux nombres quantiques, n et l[14-17]. La méthode simplifiée de la flèche diagonale montrée dans le schéma 1 pourrait être utilisée pour déterminer l'ordre des niveaux d'énergie.

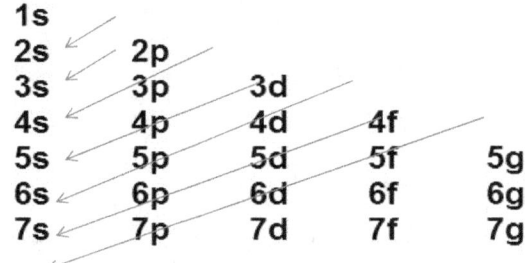

Schéma 1: Représentation simplifiée de la méthode de la flèche diagonale.

Le diagramme des niveaux d'énergie ci-dessus est le moyen le plus simple de déterminer la configuration électronique des atomes: $1s < 2s < 2p < 3s < 3p < 4s < 3d < 4p < 5s < 4d < 5p < 6s < 4f < 5d < 6p <$, etc. Le nombre total d'électrons dans chaque atome devrait être réparti dans différentes orbitales du plus basse au plus élevée en énergie, en spécifiant chaque orbitale et le nombre maximum d'électrons. Par exemple, la configuration électronique de l'oxygène avec un total de 8 électrons doit être écrite comme suit: $1s^2 2s^2 2p^4$. Cela signifie que la première orbitale contient 2 électrons, la deuxième 2 et la troisième 4 électrons.

Pour les atomes contenant de grand nombre d'électrons, les configurations électroniques deviennent longues. Ceux-ci pourraient être simplifiés en se concentrant sur les électrons les plus externes impliqués dans les réactions chimiques. La procédure consiste à écrire d'abord l'élément précédent avec une sous-couche complète, souvent un gaz noble entre parenthèses, puis ajouter les électrons externes restants. Par exemple, la configuration électronique complète de Cr est: $1s^2 2s^2 2p^6 3s^2 3p^6$. Cela peut être simplifié en utilisant le gaz rare ^{18}Ar, suivi par les électrons externes restants: $[Ar]4s^2 3d^4$. Notez bien que les configurations électroniques sont très utiles en électrochimie pour comprendre les pertes ou gains d'électrons lors des réactions d'oxydoréduction.

Pour mieux visualiser les configurations électroniques des éléments, les diagrammes d'orbitales pourraient également être utilisés pour distribuer les électrons sur les différentes orbitales, souvent présentées sous forme de boîtes ou de cercles. Le remplissage de chaque orbitale (présenté ici sous forme de boîtes) avec des électrons doit commencer par un électron dans chaque boîte à spins parallèles (règle de Hund). Ensuite, chaque boîte devrait être complétée par un deuxième électron ayant le spin opposé jusqu'à épuisement des électrons. Par exemple, dans la configuration de Cr présentée ci-dessous, chaque boîte de l'orbitale *d* contient des électrons avec des spins vers le haut, conformément à la règle de Hund.

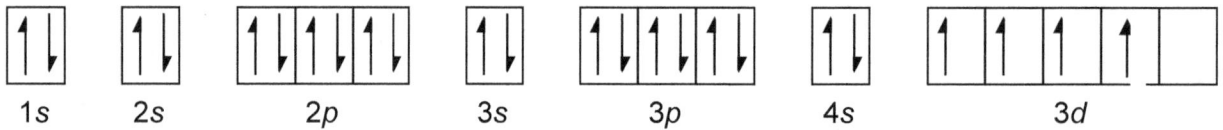

L'énergie des orbitales augmente de 1*s* à 3*d*, conformément à la méthode de la flèche diagonale ou comme présenté dans le schéma 2 pour Cr. Les électrons dans les orbitales inférieures sont plus stables que ceux qui occupent l'enveloppe externe, donc pourraient participer à des réactions chimiques ou d'oxydoréduction.

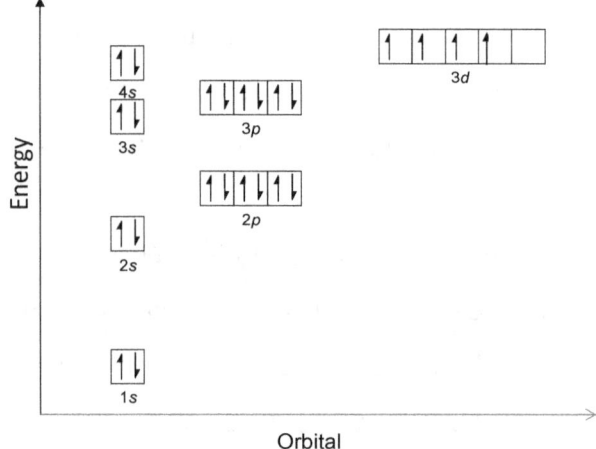

Schéma 2: Diagramme énergétique de Cr, des orbitales les plus basses aux plus hautes en énergie.

Résumé

Les réactions d'oxydoréduction (ou électrochimiques) impliquent la perte ou gain d'électrons ainsi que leurs transferts d'une substance à l'autre. Ces électrons font partie de la structure de l'atome. Les électrons sont chargés négativement et se lient au noyau chargé positivement par des forces électrostatiques. Parce que la masse des électrons est très petite par rapport à celle du noyau, ils tournent autour de lui à grande vitesse pour former des nuages électroniques. Le nombre d'électrons, en particulier ceux qui occupent la couche externe (ou électrons de valence), détermine souvent les propriétés chimiques des atomes. Par conséquent, les éléments sont classés dans le tableau périodique en fonction de leur nombre total d'électrons et de leurs propriétés résultantes, telles que l'électronégativité, l'énergie d'ionisation et le rayon ionique. Dans le tableau périodique, les éléments sont répartis en groupes allant de 1 à 18 et en rangées (ou périodes) de 1 à 7, avec deux rangées supplémentaires pour les lanthanides et actinides. Les électrons de chaque atome sont distribués sur différents sous-niveaux d'énergie désignés par les orbitales (s, p, d, f, g), correspondant respectivement au nombre quantique azimutal l de (0, 1, 2, 3, 4). Chaque orbitale pourrait contenir jusqu'à ($4 \times l + 2$) électrons et chaque électron pourrait avoir un spin de -1/2 ou +1/2. Pour l'atome, le principe d'exclusion de Pauli indique que chaque électron doit avoir un ensemble différent des quatre nombres quantiques. En somme, le nombre total d'électrons de chaque atome pourrait être réparti sur les différentes orbitales du plus basse au plus élevée en énergie (s, p, d, f, g) en spécifiant chaque orbitale et le nombre maximum d'électrons qui pourraient contenir. Le moyen le plus simple d'y parvenir est d'utiliser la méthode de la flèche diagonale ou le diagramme des niveaux d'énergie, permettant une identification rapide de la configuration électronique de chaque élément. Notez bien que les configurations électroniques et les orbitales sont des concepts très importants dans les processus d'oxydoréduction.

Références

1. 't Hooft, G. (1997). In search of the Ultimate Building Blocks. Cambridge University Press, page 6.
2. Matter (physics), McGraw-Hill's Access Science: Encyclopedia of Science and Technology Online.
3. IUPAC (ed.), Chemical Element, Gold Book.
4. Myers, R. (2003). The Basics of Chemistry. Greenwood Press. p. 85.
5. Earnshaw, A.; Greenwood, N. (1997). Chemistry of the Elements (2nd ed.).

6. Zumdahl, S. S. (2002). Introductory Chemistry: A Foundation (5thed.). Houghton Mifflin.

7. Smirnov, B. M. (2003). Physics of Atoms and Ions. Springer. pp. 249-272.

8. Ghosh, D. C.; Biswas, R. (2002), Theoretical Calculation of Absolute Radii of Atoms and Ions. Part 1. The Atomic Radii, International Journal of Molecular Science, 3:87-113.

9. Dong, J. (1998). "Diameter of an Atom". The Physics Factbook.

10. IUPAC, Compendium of Chemical Terminology (1997), 2nd ed. (the "Gold Book").

11. Jensen, W. B. (1996), Electronegativity from Avogadro to Pauling: Part 1: Origins of the Electronegativity Concept, Journal of Chemical Education, 73 (1): 11-20.

12. IUPAC, Ionization potential, Gold Book.

13. Scerri, E. R. (2007), The Periodic Table: its Story and its Significance. Oxford University Press US. pp. 205-226.

14. Liboff, R. L. (2002). Introductory Quantum Mechanics. Addison-Wesley.

15. Griffiths, D. J. (2004). Introduction to Quantum Mechanics (2nd ed.). Prentice Hall.

16. Halzen, F.; Martin, A. D. (1984). Quarks and Leptons: An Introductory Course in Modern Particle Physics, John Wiley & Sons.

17. Peleg, Y.; Pnini, R.; Zaarur, E.; Hecht, E. (2010), Quantum Mechanics (2nd ed.), Schuam's Outlines, McGraw Hill (USA).

Section 2

Questions Pratiques et Problèmes avec Solutions

Un ensemble de questions pratiques et problèmes avec solutions détaillées sont fournies pour mieux expliquer les concepts discutés.

Q1. i) Combien d'éléments ont été découverts jusqu'à 2016? ii) Chaque élément est composé de quelle unité de base? iii) Quel est l'élément le plus simple de tableau périodique?

Sol1. i) Jusqu'à 2016, un total de 118 éléments ont été découverts. Ces éléments sont tous classifiés dans le tableau périodique des éléments de plus simple au plus complexe. ii) Tous les éléments sont composés d'une unité structurelle de base appelée l'atome. iii) L'élément le plus petit et le plus simple s'appelle l'hydrogène et son symbole est H.

Q2. Considérons un ordinateur portable comme un sujet d'étude. i) Selon vous, un ordinateur portable est composé de quelles matières? ii) Quels éléments du tableau périodique pensez-vous exister dans un ordinateur portable?

Sol2. Les parties visibles d'un ordinateur portable sont de plastique et peut-être de verre. Les composants et circuits électroniques à l'intérieur de l'ordinateur portable contienent des métaux, tels que l'or et le cuivre. Ainsi, un ordinateur portable est composé de divers éléments.

ii) Par exemple, le plastique est un réseau de carbone (C), d'hydrogène (H) et d'autres atomes. Le verre est fait de silicium (Si) et d'oxygène (O). Les microélectroniques sont généralement faites d'or (Au) et d'autres éléments comme le cuivre (Cu). Ce ne sont que quelques exemples, mais un ordinateur portable contient plus d'éléments dans sa composition.

Q3. i) Les éléments du tableau périodique pourraient-ils être déplacés de leurs positions actuelles? ii) Si oui, pourquoi?

Sol3. i) La position de chaque élément dans le tableau période est stable et pas susceptible d'être déplacée. ii) Les éléments sont classés selon leurs caractéristiques structurelles du plus petit atome au plus grand, ainsi que leurs propriétés chimiques en termes de métallique, non métallique ou semi-métallique.

Q4. i) Dans le tableau périodique, le symbole de l'élément correspond-il toujours à son nom actuel? ii) Fournissez quelques exemples.

Sol4. i) Le symbole de chaque élément ne correspond pas toujours au nom de l'élément parce que ces éléments ont des origines de découverte différentes en termes de contexte culturel et linguistique. ii) Par exemple, le symbole Fe est donné au fer et vient du latin "Ferrum". Cependant, d'autres éléments ont des symboles qui correspondent à leurs noms. Ceux-ci comprennent l'hydrogène (H), le tellure (Te) et l'iode (I).

Q5. Pendant votre voyage quotidien ou hebdomadaire à l'épicerie, quel genre d'atomes pensez-vous présents au magasin?

Sol5. Le magasin contient un grand nombre d'articles, y compris des légumes/fruits, des produits laitiers, des aliments en conserve, des céréales, des conteneurs de stockage, des réfrigérateurs/congélateurs, entre autres. Chacun de ces objets est constitué d'atomes, de molécules et de réseaux atomiques/moléculaires. Par exemple, les légumes/fruits contiennent des vitamines, des minéraux, des hydrates de carbone, entre autres. Les minéraux sont faits de Ca, Mg et Na, et les vitamines de C, O, H, N, entre autres. Les céréales, les pâtes et le riz sont faits de glucides (C, O, H, etc.). Le verre contient des réseaux de Si et O. Le réfrigérateur est fait d'acier inoxydable (Fe et Ni) et plastique de polymères à base de C, entre autres.

Q6. i) Quelles sont les particules subatomiques présentes dans un élément donné du tableau périodique? ii) Quelles sont les particules subatomiques présentes dans un atome d'hydrogène? iii) À quelles distances ces particules subatomiques se trouvent-elles dans un atome? iv) Calculer le nombre de masse atomique (A) de l'atome d'hydrogène. v) Qu'arrivera-t-il à l'atome d'hydrogène s'il perd un électron?

Sol6. i) Tout atome est constitué d'un noyau contenant des protons et des neutrons, qui est entouré d'électrons. ii) Un atome d'hydrogène contient un seul proton dans son noyau (sans neutrons) entouré d'un seul électron. iii) Les neutrons et les protons sont proches les uns des autres mais les électrons sont éloignés du noyau. iv) Le nombre de masse atomique (A) de l'atome d'hydrogène est: $A = N + Z = 0 + 1 = 1$. v) Quand un atome d'hydrogène perd son électron, l'atome restant ne contiendra qu'un proton dans son noyau (H – e^- → H^+). C'est pourquoi l'hydrogène sans électron est souvent appelé le proton H^+.

Q7. i) Définir une mole de n'importe quelle substance? ii) Combien de particules existent dans une mole?

Sol 7. i) Une mole de n'importe quelle substance contient le numéro d'Avogadro. ii) Il y a $6,022140857 \times 10^{23}$ particules dans une mole de n'importe quelle substance.

Q8. Considérant l'azote de tableau périodique. i) Quel est son symbole d'abréviation? ii) Combien y a-t-il de protons, de neutrons et d'électrons dans l'atome d'azote? iii) Quels est le numéro atomique (Z) et le nombre de masse atomique (N) de l'azote?

Sol8. i) Le symbole de l'azote est N. ii) Il contient 7 protons et 7 neutrons dans son noyau. iii) Donc, $Z = 7$ et $A = Z + N = 7 + 7 = 14$.

Q9. i) Pourquoi les configurations électroniques sont-elles importantes en électrochimie? ii) Identifier les configurations électroniques à l'état fondamental des espèces suivantes: W, H^+, H^-,

Cl⁻, As, Co²⁺, Cu, S²⁻, Kr et C. iii) Pour chaque espèce, identifier les électrons qui pourraient être perdus durant des processus d'oxydation et pourquoi? Le nombre d'électrons de chaque élément peut être trouvé dans le tableau périodique.

Sol9. i) La connaissance de la configuration électronique permet de déterminer quels électrons pourraient être perdus ou gagnés par une espèce. ii) et iii) La détermination de la configuration électronique de chaque espèce nécessite la connaissance du nombre total d'électrons.

W possède 74 électrons, qui doivent être répartis sur différentes orbitales du plus basse au plus élevée en énergie. La méthode de la flèche diagonale permet de distribuer ces électrons: $1s < 2s < 2p < 3s < 3p < 4s < 3d < 4p < 5s < 4d < 5p < 6s < 4f < 5d < 6p$...

W: $1s^22s^22p^63s^23p^64s^23d^{10}4p^65s^24d^{10}5p^66s^24f^{14}5d^4$

Pour les cations, le nombre total d'électrons est déterminé en soustrayant la charge de cation du nombre total d'électrons de l'élément. Par exemple, le nombre d'électrons dans Co est 27. Co²⁺ possède 2 électrons de moins, donc 25.

Pour les anions, le nombre total d'électrons est déterminé en ajoutant la charge de l'ion au nombre total d'électrons de l'élément. Par exemple, S possède 16 électrons. S²⁻ a 2 électrons supplémentaires, soit 18 électrons au total.

Par conséquent, les configurations électroniques de toutes les espèces sont:

H⁺ : $1s^0$

Cl⁻ : $1s^22s^22p^63s^23p^6$

As: $1s^22s^22p^63s^23p^64s^23d^{10}4p^3$

Co²⁺ : $1s^22s^22p^63s^23p^64s^23d^4$

Cu : $1s^22s^22p^63s^23p^64s^13d^{10}$

S²⁻ : $1s^22s^22p^63s^23p^6$

Kr : $1s^22s^22p^63s^23p^64s^23d^{10}4p^6$

C : $1s^22s^22p^2$

Q10. Considérer les deux isotopes de l'atome d'oxygène ($^{18}_8$O and $^{16}_8$O). i) Combien d'électrons sont présents dans chaque atome? ii) Écrire leurs configurations électroniques à l'état fondamental.

Sol10. i) Chaque atome contient 8 électrons mais les neutrons sont différents, ce qui fait que $^{18}_8$O est plus lourd que $^{16}_8$O.

ii) Puisque le nombre d'électrons est le même dans les deux atomes, leurs configurations électroniques sont identiques: $^{18}_{8}O$: $1s^22s^22p^4$ et $^{16}_{8}O$: $1s^22s^22p^4$

Q11. Considérons les configurations électroniques de l'azote avec 7 électrons. Classifier chacune des configurations proposées dans les catégories suivantes:

Fondamental: tous les électrons occupent l'état fondamental.

Excité: un ou plusieurs électrons occupent les états excités.

Impossible: la configuration est incorrecte ou ne peut pas exister.

Sol11. En général, les électrons dans les atomes ou molécules occupent les états fondamentaux mais certains électrons peuvent parfois être excités pour occuper des niveaux excités (orbitales avec des énergies plus élevées). La méthode de la flèche diagonale est toujours utile pour répartir le nombre total d'électrons sur les différentes orbitales. Ensuite, le remplissage de chaque orbitale (présentée ici par des cercles) avec des électrons doit commencer par un électron dans chaque orbitale (ou cercle) avec des spins parallèles (la règle de Hund), suivi par un second électron avec spin inverse jusqu'à épuisement des électrons. Chaque orbitale (cercle) pourrait avoir jusqu'à 2 électrons maximum.

1)   Impossible
2)   Fondamental
3)   Fondamental
4)   Impossible
5)   Excité
6)   Impossible

Q12. i) Classer chacune des configurations données dans les catégories suivantes:

Fondamental: tous les électrons occupent l'état fondamental.

Excité: un ou plusieurs électrons occupent les états excités.

Impossible: la configuration est incorrecte ou ne peut pas exister.

ii) Selon vous, pourquoi les dernières configurations sont impossibles? iii) Quels atomes neutres pourraient avoir chaque configuration permise?

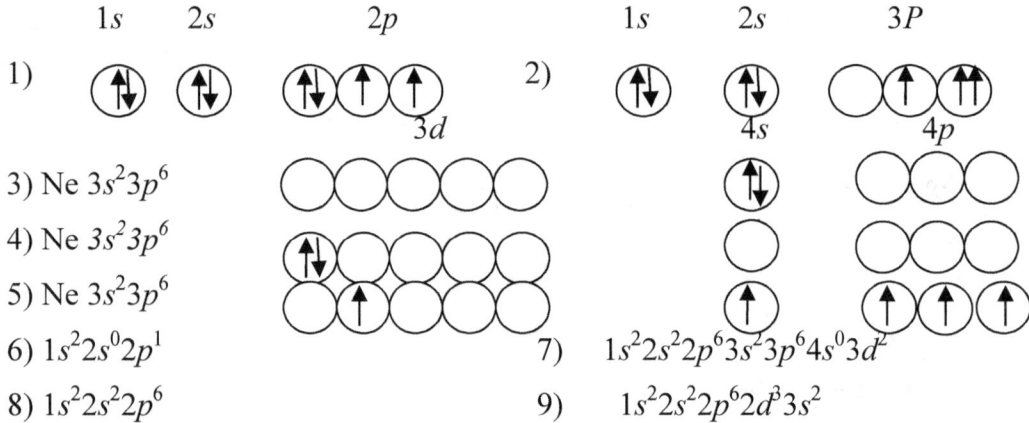

3) Ne $3s^2 3p^6$
4) Ne $3s^2 3p^6$
5) Ne $3s^2 3p^6$
6) $1s^2 2s^0 2p^1$
7) $1s^2 2s^2 2p^6 3s^2 3p^6 4s^0 3d^2$
8) $1s^2 2s^2 2p^6$
9) $1s^2 2s^2 2p^6 2d^3 3s^2$

Sol12. Voir les détails de la Sol. 11.

1) Cette configuration représente l'état fondamental d'un atome d'oxygène avec 8 électrons. La règle de multiplicité maximale de Hund stipule que si plusieurs orbitales de même énergie sont disponibles, les électrons devraient occuper des orbitales séparées dans des états non appariés.

2) Cette configuration est impossible. C'est la configuration de l'atome d'azote avec 7 électrons mais parce que la distribution des électrons dans l'orbitale p n'a pas suivi la règle de Hund, elle devient impossible.

3) Les électrons dans cette configuration sont dans l'état fondamental puisque les deux électrons occupent l'orbitale $4s$.

4) Cette configuration est impossible car elle ne respecte pas la règle de Hund.

5) C'est un état excité puisque 1 électron dans l'orbitale $4s$ est excité à l'orbitale $3d$.

6) La configuration est dans l'état excité puisque l'électron qui devrait occuper l'orbitale $2s$ dans l'état fondamental est excité à orbitale $2p$.

7) La configuration est dans l'état excité puisque les deux électrons de $4s$ sont excités à l'orbitale $3d$.

8) Configuration de l'état fondamental car les orbitales sont remplies en ordre croissant d'énergie.

9) Cette configuration est impossible car les électrons ne peuvent pas occuper l'orbitale 2*d* avec une énergie plus faible.

Q13. Déterminer le statut des espèces suivantes: atome neutre, cation ou anion dans les états fondamentaux, excités ou impossibles.

1) $_3$Li $1s^2 2s^0 2p^1$
2) $_1$H $1s^2$
3) $_{16}$S $1s^2 2s^2 2p^6 3s^2 3p^6$
4) $_6$C $1s^2 2s^2 2p^2$
5) $_{10}$Ne $1s^2 2s^2 2p^7$
6) $_7$N $1s^2 2s^1 2p^3$
7) $_9$F $1s^2 2s^2 2p^5 3s^1$
8) $_2$He $1p^1$
9) $_{21}$Sc $1s^2 2s^2 2p^6 3s^2 3p^6 3d^1 4s^2$
10) $_8$O $1s^2 2s^2 2p^2$

Sol13. Le tableau périodique donne le nombre total d'électrons de chaque élément, qui doivent être comparés aux électrons donnés dans chaque cas. Si les nombres sont égaux, l'espèce est neutre. Cependant, si le nombre d'électrons est supérieur ou inférieur à celui de tableau périodique, l'espèce devient un anion ou un cation, respectivement.

1) L'espèce est neutre puisque Li possède 3 électrons, ce qui correspond au nombre donné. Li est dans son état excité puisque le troisième électron qui devrait occuper l'orbitale 2*s* est excité à 2*p*.

2) H possède 1 électron mais donné avec 2 électrons, ce qui signifie qu'il a gagné un électron supplémentaire pour former un ion négatif (anion H⁻). L'espèce est dans l'état fondamental puisque les 2 électrons occupent la première orbitale.

3) S possède 16 électrons mais la configuration donnée a 18. Ainsi, S a gagné 2 électrons pour devenir un anion S^{2-}. La configuration est dans son état fondamental car les orbitales inférieures en énergie sont occupées par les électrons.

4) Le carbone possède 6 électrons et la configuration donnée contient le même nombre d'électrons. Donc, c'est un atome neutre. Tous les électrons occupent l'état fondamental.

5) Ne a 10 électrons mais la configuration donnée contient 11 électrons. Ainsi, Ne a reçu 1 électron supplémentaire pour former Ne⁻. Cependant, la configuration donnée est impossible puisque le maximum d'électrons qui pourraient occuper l'orbitale *p* est de 6 mais ici donné par 7.

6) N a 7 électrons et la configuration donnée n'a que 6. Ainsi, N a cédé (ou perdu) 1 électron pour former un cation N$^+$. L'électron perdu est retiré de l'orbitale contenant 1 électron. Nous pouvons considérer la configuration comme l'état fondamental du cation.

7) F possède 9 électrons mais la configuration donnée a un total de 10 électrons, ce qui signifie qu'elle a gagné 1 électron supplémentaire pour former F$^-$ avec la configuration de Ne. Puisque l'orbitale 2p doit être complétée avec 6 électrons avant de remplir l'orbitale 3s, la configuration est dans l'état excité.

8) He possède 2 électrons mais la configuration donnée a seulement 1. Ainsi il a donné 1 électron pour former un cation He$^+$. La configuration donnée est impossible car les orbitales inférieures doivent d'abord être remplies avec des électrons.

9) Sc possède 21 électrons, ce qui est égale à la configuration donnée. Donc c'est un atome neutre et la configuration électronique est dans l'état fondamental.

10) O a 8 électrons mais la configuration donnée n'en a que 6. Cela signifie qu'il a perdu 2 électrons pour former un anion O^{2-}. La configuration est dans l'état fondamental puisque les orbitales inférieures sont d'abord remplies avec des électrons.

Q14. Déterminer la configuration électronique pour chacune des espèces suivantes et prédire leurs tailles relatives: F$^-$, Na$^+$, Mg^{2+}, Ne, O^{2-} et N^{3-}.

Sol14. F possède 9 électrons et F$^-$ a gagné 1 électron supplémentaire pour atteindre un total de 10 électrons. Ainsi, la configuration électronique de F$^-$ est $1s^22s^22p^6$.

Na possède 11 électrons et a perdu 1 électron dans Na$^+$. Par conséquent, la configuration de Na$^+$ est de: $1s^22s^22p^6$.

Mg contient 12 électrons et a perdu 2 dans Mg^{2+}. Par conséquent, la configuration électronique de Mg^{2+} est de: $1s^22s^22p^6$.

Ne est un gaz rare avec 10 électrons (difficile à enlever ou ajouter des électrons). La configuration électronique de Ne est de: $1s^22s^22s^6$.

O possède 8 électrons mais a gagné 2 électrons supplémentaires dans O^{2-}. La configuration électronique de O^{2-} est donc: $1s^22s^22p^6$.

N contient un total de 7 électrons mais il a gagné 3 électrons supplémentaires dans N^{3-} pour former la configuration électronique suivante: $1s^22s^22s^6$.

Parce que toutes ces espèces (N^{3-}, O^{2-}, F$^-$, Ne, Na$^+$, Mg^{2+}) ont le même nombre total d'électrons (10 électrons), elles sont appelées des espèces isoélectroniques.

La taille des espèces isoélectroniques diminue à mesure que le nombre atomique ou la charge nucléaire augmente. Par conséquent, les tailles de ces espèces devraient diminuer dans l'ordre suivant : $N^{3-} > O^{2-} > F^- > Ne > Na^+$.

Q15. Comparer l'affinité électronique, l'électronégativité et l'énergie d'ionisation entre chacune des paires d'atomes suivantes: Cu contre Zn, K contre Ca, S contre Cl, H contre Li et As contre Ge. Expliquer pourquoi.

Sol15. Pour être en mesure de comparer entre ces paires, la configuration électronique de chacune d'entre elles doit d'abord être écrite.

$_{29}$Cu: $1s^2 2s^2 2p^6 3s^2 3p^6 4s^2 3d^9$

$_{30}$Zn: $1s^2 2s^2 2p^6 3s^2 3p^6 4s^2 3d^{10}$

$_{19}$K: $1s^2 2s^2 2p^6 3s^2 3p^6 4s^1$

$_{20}$Ca: $1s^2 2s^2 2p^6 3s^2 3p^6 4s^2$

$_{16}$S: $1s^2 2s^2 2p^6 3s^2 3p^4$

$_{17}$Cl: $1s^2 2s^2 2p^6 3s^2 3p^5$

$_1$H : $1s^1$

$_3$Li : $1s^2 2s^1$

$_{33}$As: $1s^2 2s^2 2p^6 3s^2 3p^6 4s^2 3d^{10} 4p^3$

$_{32}$Ge: $1s^2 2s^2 2p^6 3s^2 3p^6 4s^2 3d^{10} 4p^2$

L'affinité électronique dépend de l'énergie libérée ou consommée lorsque 1 électron est ajouté à un atome neutre. Zn possède une orbitale d entièrement remplie avec des électrons, ce qui rend l'ajout d'électrons supplémentaires plus difficile. En revanche, Cu ne manque que 1 électron pour compléter sa structure électronique externe. Ainsi, l'affinité électronique de Cu est supérieure à celle de Zn (Cu> Zn). Le même scénario s'applique pour (K> Ca). Pour S et Cl, puisque seulement 1 électron manque pour compléter l'orbitale p de Cl contre 2 électrons pour S, ainsi Cl devrait avoir plus d'affinité pour des électrons que S (Cl> S). L'addition de 1 électron à H donne la structure électronique du gaz noble stable He. Ainsi, H a plus d'affinité pour les électrons que Li (H> Li). Comme l'orbitale p est à moitié pleine, cela lui donne une stabilité supplémentaire à l'état actuel. L'addition de 1 électron à Ge induit une orbitale p à moitié pleine. Ainsi, Ge devrait avoir plus d'affinité que As pour l'addition d'un électron supplémentaire pour rendre orbitale p à moitié complète et acquérir plus de stabilité (As <Ge).

L'électronégativité exprime la tendance d'un élément à attirer des électrons vers lui dans une liaison chimique. Puisque le Cu ne manque qu'un électron pour remplir son orbitale *p*, il attirera fortement cet électron pour former une liaison chimique avec d'autres espèces. Ainsi, l'électronégativité de Cu est supérieure à celle de Zn (Cu> Zn). En perdant 1 électron, K va acquérir la structure du gaz rare Ar avec une électronégativité plus faible pour former une liaison chimique. Par conséquent, l'électronégativité de K est inférieure à celle de Ca. En acquérant 1 électron, Cl atteindra la structure électronique du gaz noble stable Ar. Son électronégativité est donc plus élevée (Cl> S). Le même scénario s'applique pour H, qui en acquérant 1 électron aura la configuration du gaz noble He. Par conséquent, son électronégativité est supérieure à celle de Li qui se stabilise en perdant un électron pour acquérir la structure de He (H> Li). Enfin, avec une orbitale *p* semi-pleine, donc plus stable, As devrait avoir une plus grande électronégativité dans une liaison chimique que Ge qui pourrait facilement perdre 1 électron (As> Ge).

L'énergie d'ionisation fait référence à l'énergie nécessaire pour libérer 1 électron. Parce que Zn a son orbitale *d* saturée d'électrons et assez stable, l'élimination des électrons sera plus difficile que dans Cu possédant une orbitale incomplète (Cu <Zn). Ca a aussi une orbitale saturée, donc plus difficile à éliminer des électrons que dans K (K <Ca). Cl manque un seul électron pour acquérir la structure d'Ar, donc il a plus tendance à attirer des électrons que de les donner. Cela rend son électronégativité plus élevée (Cl> S). Li pourrait facilement perdre 1 électron pour acquérir la structure de He, rendant son électronégativité plus basse que celle de H, qui en gagnant 1 électron acquiert la structure de He (H> Li). Enfin, As est structurellement plus stable que Ge car son orbitale *p* est à moitié pleine. Par conséquent, son énergie d'ionisation est plus élevée (As> Ge).

Q16. Classer les éléments suivants par ordre croissant de première énergie d'ionisation, d'affinité électronique, d'électronégativité et de rayon atomique: C, O et F. Expliquer pourquoi.

Sol16. Pour être en mesure d'expliquer les tendances, les configurations électroniques doivent d'abord être écrites.

$_6$C: $1s^22s^22p^2$

$_8$O: $1s^22s^22p^4$

$_9$F: $1s^22s^22p^5$

La différence entre ces éléments réside dans le nombre d'électrons occupant la dernière orbitale *p*, qui définirait principalement leurs propriétés chimiques, telles que l'énergie de première ionisation, l'affinité électronique, l'électronégativité et le rayon atomique.

La première énergie d'ionisation exprime l'énergie nécessaire pour libérer 1 électron. F nécessite seulement 1 électron supplémentaire pour acquérir la structure du gaz noble stable Ne. Ainsi, son énergie d'ionisation devrait être supérieure à celle de l'oxygène et du carbone nécessitant respectivement 2 et 4 électrons supplémentaires. Par conséquent, l'énergie d'ionisation devrait augmenter dans l'ordre suivant: C < O < F.

L'affinité électronique se rapporte à l'énergie libérée ou consommée lors de l'ajout d'un électron supplémentaire à un atome neutre. F a plus d'affinité pour gagner 1 électron et acquérir la structure du gaz noble Ne, suivi de O et C (C < O < F).

L'électronégativité définit la tendance d'un atome à attirer des électrons de son côté lorsqu'il est mis en liaison chimique. F est plus électronégatif que O et C car il nécessite seulement 1 électron supplémentaire pour acquérir la structure du gaz noble Ne. Ainsi, l'électronégativité augmente de C à F: C < O < F.

Les rayons atomiques sont influencés par le nombre de protons (noyau) et d'électrons. Plus le nombre de protons est élevé, plus la force électrostatique exercée par les protons sur les électrons est élevée. Cela contracte le rayon atomique. Puisque F possède un nombre de protons plus élevé que celui de O et C, il devrait avoir le plus petit rayon: C > O > F

Q17. Quels sont les nombres d'électrons non appariés dans les états fondamentaux des espèces suivantes: C^{-4}, F^- et Ne.

Sol17. Le carbone possède 6 électrons et a gagné 4 dans C^{-4}. F contient 9 électrons et a gagné 1 dans F^-. Ne possède un total de 10 électrons. Donc, ces espèces sont isoélectriques puisqu'elles ont un nombre similaire d'électrons. Leurs configurations électroniques sont:

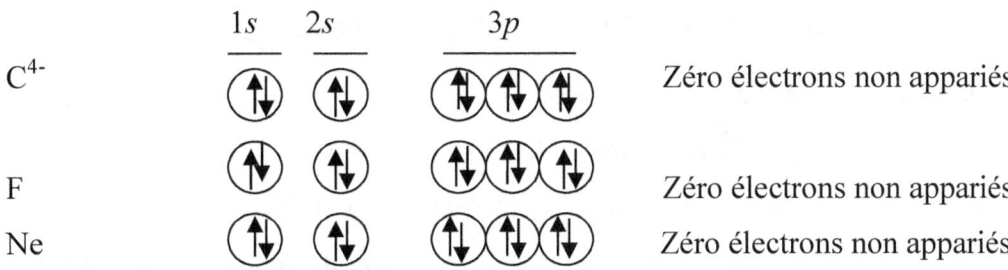

Toutes ces espèces ont zéro électron non appariés.

Q18. Selon le tableau périodique, quel est le nombre de protons, de neutrons et d'électrons dans l'azote 14? Comment cet atome est-il influencé par l'élimination de: 1 neutron, 1 proton, 1 électron et (1 proton + 1 électron)?

Sol18. N (14) possède 7 protons, 7 neutrons et 7 électrons.

Son symbole est de: $^{14}_{7}N$, où 14 correspond au nombre de (protons + neutrons) et 7 est le nombre d'électrons.

L'élimination d'un neutron n'aura aucun effet sur les protons ou les électrons.

L'élimination d'un proton va former un anion chargé négativement puisque le nombre d'électrons est plus élevé que celui des protons. Les rayons atomiques finiront par augmenter car la force électrostatique exercée par le noyau sur les électrons est moins élevée.

L'élimination d'un électron formera un cation chargé positivement puisque le nombre de protons est plus élevé que celui des électrons. Les rayons atomiques finiront par se rétracter car il y a trop de protons pour moins d'électrons.

L'élimination de (1 électron + 1 proton) va former du carbone mais avec 1 neutron supplémentaire dans son noyau.

Q19. La formule moléculaire d'acide oxalique est de $C_2O_4H_2$. Calculer sa masse moléculaire et le nombre de grammes de carbone présents dans 100g, 80g et 920g d'acide oxalique.

Sol19. La masse moléculaire d'un composé est obtenue en additionnant les masses molaires de tous les atomes formant le composé. Par conséquent, M ($C_2O_4H_2$) = 2×M(C) + 4×M(O) + 2×M(H) = 2×(12) + 4×(16) + 2×(1) = 90 g mol^{-1}

90 g d'acide oxalique contiennent 24 g de carbone. Ainsi, 100 g d'acide oxalique contiendront: $\left(\frac{24}{90,03}\right) \times 100$ = 26,66 g de carbone.

80 g d'acide oxalique contiendront: $\left(\frac{80}{90,03}\right) \times 100$ = 21,33 g de carbone.

920 g d'acide oxalique contiendront : $\left(\frac{920}{90,03}\right) \times 100$ = 245,27 g de carbone.

Q20. i) Lequel des éléments suivants a plus d'atomes: a) 1 g d'Al, 1 g d'Au ou 1 g de H? ii) Estimer le nombre d'atomes de chaque élément présent dans 1 g.

Sol20. i) La masse molaire de chaque élément peut être trouvée dans le tableau périodique. Pour Al, 1 mole pèse 27 g, et le nombre d'atomes dans 27 g est égal au nombre d'Avogadro (6,02 × 10^{23}). Par conséquent, 1 g d'Al devrait avoir: $\frac{6,02 \times 10^{23}}{27}$ = 2,23 × 10^{22} atomes.

Pour Au, 1 mole pèse 197 g et contient 6,02 × 10²³. Ainsi, 1 g de Au aura: $\frac{6,02 \times 10^{23}}{197}$ = 3,05 × 10²¹ atomes.

Pour H, 1 mole pèse 1 g et contient 6,02 × 10²³ atomes. Par conséquent, 1 g de H aura: $\frac{6,02 \times 10^{23}}{1}$ = 6,02 × 10²³ atomes.

Le nombre d'atomes dans 1 g de chaque élément augmente dans l'ordre suivant: Au<Al<H.

Q21. Calculer le nombre d'atomes présents dans 0,001857 g de tungstène.

Sol21. Le poids molaire du tungstène (W) est de 183,85 g mol⁻¹, qui contient 6,02 × 10²³ atomes. Par conséquent, 0,001857 g de W contient: $\frac{0,001857 \times 60,2 \times 10^{23}}{183,85}$ = 6,07 × 10¹⁸ atomes

Q22. i) Déterminer les formules chimiques des composés suivants: chlorure de lithium, sulfate de zinc, sulfate de calcium, hexacyanoferrate de cuivre (III), chlorure ferrique et fluorure chromique. ii) Quelles caractéristiques partagent ces composés?

Sol22. i) Les formules respectives sont: $LiCl$, $ZnSO_4$, $CaSO_4$, $Cu_3[Fe(CN)_6]_2$, $Fe_2(Cl)_6$ et CrF_3.

ii) Tous ces composés sont sous forme de sel ou de complexe.

Q23. i) Calculer le poids moléculaire de $KMnO_4$. i) Quel est le pourcentage en poids de chaque élément dans $KMnO_4$?

Sol23. i) Le poids moléculaire de $KMnO_4$ est calculé en additionnant les poids de tous les atomes formant $KMnO_4$. Ainsi, le poids moléculaire de $KMnO_4$ = M(K) + M(Mn) + 4 × M(O) = 39,1 + 54,9 + 64 = 158 g mol⁻¹

ii) Le pourcentage en poids de K dans $KMnO_4$ = $\left(\frac{39}{158}\right) \times 100$ = 24,75 %

Le pourcentage en poids de Mn dans $KMnO_4$ = $\left(\frac{54,9}{158}\right) \times 100$ = 34,75 %

Le pourcentage en poids de O dans $KMnO_4$ = $\left(\frac{64}{158}\right) \times 100$ = 40,5 %

L'addition de tous les pourcentages en poids donne 100%.

Q24. Quelle serait la formule empirique du ciment contenant 52,7% de calcium (Ca), 12,3% de silicium (Si) et 35,0% d'oxygène (O)?

Sol24. La masse des constituants doit d'abord être convertie en moles de constituants, en les divisant par leurs masses atomiques. Ca = $\frac{52,7}{40,08}$ = 1,31 moles, Si = $\frac{12,3}{28,09}$ = 0,44 moles et O = $\frac{35}{16}$ = 2,18 g moles.

Le rapport atomique est obtenu en divisant les moles de chaque constituant par le plus petit nombre de moles (0,44 mole). Par conséquent, Ca:Si:O = $\frac{1,31}{0,44} : \frac{0,44}{0,44} : \frac{2,18}{0,44}$ = 3 : 1 : 5

La formule empirique de ciment proposé est donc: Ca_3SiO_5.

Q25. Un oxyde métallique de forme X_2O_3 contient 68,4% de métal en poids. Quel est le poids atomique de X et sa formule chimique?

Sol25. Le poids atomique de X = $\left(\frac{2X}{2X+3(16)}\right) \times 100$ = 68,4. Cela donne une valeur de M (X) = 51 g mol^{-1}. Selon le tableau périodique, X = V (Vanadium), et la formule chimique de l'oxyde est V_2O_3.

Q 26. Un composé AB est formé hypothétiquement par réaction entre 10 moles de A et 30 moles de B. Un autre composé AC_2 est formé par réaction de 6 moles de A avec 36 moles de C. i) En supposant que le poids molaire de l'élément B est de 60 g mol^{-1}, estimer les poids molaires des deux éléments, A et C. ii) Ces réactions pourraient-elles se produire pratiquement, pourquoi?

Sol26. i) La stœchiométrie de la première réaction indique que 1 mole de A réagit avec 3 moles de B et que le poids molaire de B est de 60 g mol^{-1}, donc le poids molaire de A = $\frac{60 \times 10}{30}$ = 20 g mol^{-1}.

La stœchiométrie de la seconde réaction suggère que 1 mole de A réagit avec 3 moles de C et que le poids molaire de A est de 20 g mol^{-1}, donc le poids molaire de C = $\frac{36 \times 20}{6 \times 2}$ = 60 g mol^{-1}.

Le tableau périodique indique que l'élément avec un poids molaire de 20 g mol^{-1} correspond au gaz noble Ne. Aussi, un élément avec le poids molaire de 60 g mol^{-1} n'existe pas, et les éléments avec des poids molaires proches de celui-ci sont Co ou Ni. ii) Puisque Ne est un élément très stable (gaz noble), il est peu probable qu'il réagisse avec un autre élément. Dans l'ensemble, ces réactions sont seulement hypothétiques et ne se produiront pas en pratique.

Q27. Les réactions suivantes sont-elles équilibrées? Si ce n'est pas le cas, équilibrer chacun d'entre elles et expliquer comment.

1) $Na_2SO_3 + HCl \rightarrow NaCl + SO_2 + H_2O$

2) $Mg_3N_2 + H_2O \rightarrow Mg(OH)_2 + NH_3$

3) $Pb + PbO_2 + H_2SO_4 \rightarrow PbSO_4 + H_2O$

Sol27. Une réaction chimique est équilibrée si la masse et la charge de chaque côté de l'équation sont les mêmes. Toutes les réactions données ont des charges nulles des deux côtés, ce qui signifie qu'elles sont équilibrées. En termes de masse, chaque élément doit avoir le même nombre d'atomes de chaque côté de l'équation, ce qui n'est pas le cas pour les réactions données. La manière la plus simple d'équilibrer ces réactions est de multiplier par des facteurs pour égaliser le nombre d'atomes présents de chaque côté de la réaction.

Les équations équilibrées sont donc:

1) $Na_2SO_3 + 2HCl \rightarrow 2 NaCl + SO_2 + H_2O$

2) $Mg_3N_2 + 6H_2O \rightarrow 3Mg(OH)_2 + 2NH_3$

3) $Pb + PbO_2 + 2H_2SO_4 \rightarrow 2PbSO_4 + 2H_2O$

Q28. La réaction entre l'ammoniac et l'oxygène forme de l'oxyde nitrique (NO) et de l'eau. La réaction entre l'acide nitrique et l'hydroxyde de zinc ($Zn(OH)_2$) produit du nitrate de zinc ($Zn(NO_3)_2$) et de l'eau. Écrire les réactions, en veillant à ce qu'elles soient équilibrées.

Sol28. L'ammoniac possède la formule NH_3 et l'oxygène gazeux existe sous forme de O_2. Ainsi, la première réaction donne: $4NH_3 + 5O_2 \rightarrow 4NO + 6H_2O$

De même, l'acide nitrique a une formule de HNO_3. Par conséquent, la deuxième réaction donne:

$Zn(OH)_2 + 2HNO_3 \rightarrow Zn(NO_3)_2 + 2H_2O$

Ces réactions sont équilibrées en masse et charge.

Q29. La combustion du carbone dans l'air forme du dioxyde de carbone. Estimer le poids du dioxyde de carbone résultant lorsque 50 g de carbone sont brûlés dans l'air.

Sol29. L'air contient principalement de l'oxygène et de l'azote. Les processus de combustion nécessitent de l'oxygène. En supposant le carbone sous sa forme élémentaire (C), la réaction de combustion peut s'écrire comme ceci:

$C + O_2 \rightarrow CO_2$

La stœchiométrie de la réaction indique que 1 mole de C nécessite 1 mole de O_2 pour produire 1 mole de CO_2. Le nombre de moles correspondant à 50g C est donc: $\frac{50}{12}$ = 4,16 moles, où 12 représente la masse molaire de C. Comme 1 mole C donne 1 mole de CO_2, ainsi on obtient 4,16 moles de CO_2. Cela correspond à 4,16 × 44 = 181,28 g, où 44 est la masse molaire de CO_2. En résumé, la réaction produira 181,28g de CO_2.

Q30. i) La réaction entre le dichromate de potassium avec l'acide oxalique et l'acide sulfurique est-elle équilibrée?

$3 H_2C_2O_4 + K_2Cr_2O_7 + H_2SO_4 \rightarrow 2KHSO_4 + Cr_2(SO_4)_3 + 6CO_2 + 7H_2O$

ii) Une solution de dichromate de potassium (460 ml, 0,100 M) réagit avec un excès d'acide oxalique et d'acide sulfurique. Estimer le nombre de moles de grammes de CO_2 formé.

Sol30. i) Non, la réaction n'est pas équilibrée. La charge est équilibrée mais la masse ne l'est pas. Cela pourrait être équilibré en multipliant la réaction par des facteurs pour égaliser le nombre d'atomes de chaque côté de l'équation. Nous commençons par les éléments les moins abondants, le soufre dans ce cas. En multipliant le H_2SO_4 par un facteur de 5, la réaction devient équilibrée.

$3H_2C_2O_4 + K_2Cr_2O_7 + 5H_2SO_4 \rightarrow 2KHSO_4 + Cr_2(SO_4)_3 + 6CO_2 + 7H_2O$

ii) La stœchiométrie de la réaction indique que 1 mole de $K_2Cr_2O_7$ forme 6 moles de CO_2. Étant donné que 0,100 M $K_2Cr_2O_7$ est utilisé en présence d'excès des autres composés, tout le $K_2Cr_2O_7$ doit réagir pour former 0,6 M de CO_2. Ceci est l'équivalent de $0,6 \times 44 \times 0,46 = 12,14$ g, où 44 est le poids molaire du CO_2 et 0,46 L est le volume de la solution.

Q31. La réaction entre l'oxyde de vanadium (VO) et l'oxyde de fer (Fe_2O_3) forme de V_2O_5 et FeO. i) Écrire une réaction équilibrée. ii) Estimer le nombre de moles et de grammes de V_2O_5 lorsque 6,50 g de VO réagissent avec un excès de Fe_2O_3. Combien de grammes de V_2O_5 sont produits ? iii) Calculer le nombre de moles et de grammes de V_2O_5 formé lorsque 4,00 g de VO réagissent avec 11,5 g de Fe_2O_3.

Sol31. i) En supposant qu'aucun autre réactif ou produit n'est impliqué, la réaction équilibrée peut s'écrire comme : $2VO + 3Fe_2O_3 \rightarrow V_2O_5 + 6FeO$

ii) La stœchiométrie de la réaction indique que 2 moles de VO forment 1 mole de V_2O_5. Puisque l'excès de $3Fe_2O_3$ est utilisé, tous les 6,5 g devraient réagir quand la réaction est achevée. Le nombre de moles de VO correspondant à 6,5g est de : $\frac{6,5}{66,94} = 0,097$ moles, où 66,94 représente le poids molaire de VO. Ainsi, le nombre de moles de V_2O_5 est de : $\frac{0,097}{2} = 0,048$ moles de V_2O_5. Ceci est équivalent à: $0,048 \times 182 = 8,83$ g, où 182 g mol^{-1} est le poids molaire de V_2O_5.

iii) La réaction de 4 g de VO avec 11,5 g de Fe_2O_3 signifie que la réaction sera limitée par les 11,5 g de Fe_2O_3 car sa stœchiométrie est plus élevée. 11,5 g de Fe_2O_3 correspondent à: $\frac{11,5}{159,688} = 0,072$ moles de Fe_2O_3, où 159,688 est la masse molaire de Fe_2O_3. Puisque 3 moles de Fe_2O_3 produisent 1 mole de V_2O_5, donc 0,072 moles de Fe_2O_3 produisent: $\frac{0,072}{3} = 0,024$ moles de V_2O_5. Ceci est équivalent à: $0,024 \times 181,88 = 0,024$ g de V_2O_5.

Q32. i) Si un électron dans un atome d'hydrogène est caractérisé par le nombre quantique principal $n = 3$, estimer les valeurs du nombre quantique l.

ii) Calculer les valeurs du nombre quantique magnétique m pour un électron avec $l = 3$.

iii) Estimer les valeurs des nombres quantiques n, l, m et s pour un électron dans l'orbitale $3d$.

Sol32. i) l est le nombre quantique azimutal caractérisant la forme de l'orbitale et son moment angulaire. Il pourrait avoir des entiers de 0 à $(n - 1)$. Ainsi, pour $n = 3$, les valeurs de $l = 0$, 1 et 2.

ii) m est le nombre quantique magnétique avec des valeurs entières allant de $-l$ à l, représentant l'orbitale spécifique à l'intérieur d'une sous-couche. Pour $l = 3$, les valeurs de $m = 0, \pm 1, \pm 2, \pm 3$.

iii) Un électron dans l'orbitale $3d$ aurait les nombres quantiques suivants: $n = 3$, $l = 2$, $m = (0, \pm 1, \pm 2)$, et $s = \pm 1/2$.

Q33. i) Estimer le rayon de la quatrième orbite de Bohr de l'atome d'hydrogène si la première orbite de Bohr a un rayon de 0,529 Å. ii) Quel serait le rayon d'un atome de bore (B) dans les mêmes conditions?

Sol33. i) Puisque l'atome d'hydrogène a un $Z = 1$, son rayon peut être calculé par la relation: $r = 0{,}529 \times \frac{n^2}{Z} = 8{,}4$ Å.

ii) La différence entre H et B réside dans le nombre Z. Pour $Z(B) = 5$, $r = 0{,}529 \times \frac{n^2}{Z} = \frac{8{,}4}{5} = 1{,}68$ Å.

Q34. Considérons deux atomes d'hydrogène (A et B) avec 1 électron chacun. L'électron occupe la première orbite de Bohr ($n = 1$) dans l'atome A et la quatrième orbite de Bohr ($n = 4$) dans l'atome B. Lequel des deux atomes A ou B: i) devrait avoir la configuration électronique de l'état excité, ii) vitesse plus rapide de l'électron, iii) rayon plus grand, iv) énergie potentielle inférieure, v) et énergie d'ionisation élevée?

Sol34. i) L'atome A est dans l'état fondamental et l'atome B dans l'état excité. ii) Le rayon de l'électron en mouvement est inversement proportionnel au carré de sa vitesse. Par conséquent, l'électron dans l'état fondamental devrait se déplacer plus rapidement. iii) L'atome B avec un électron dans l'état excité a un rayon plus grand ($n = 4$). iv) L'électron excité dans l'atome B devrait avoir une énergie potentielle inférieure puisqu'il est déjà dans l'état excité. v) L'électron dans l'atome A nécessité une énergie d'ionisation plus élevée car il occupe un état stable.

Q35. Déterminer le nombre d'électrons non appariés dans les espèce suivantes: Cr^{3+}, Cr^{2+}, Cr^{5+}, et Cr^{6+}. Qu'arriverait-il à ces espèces dans les états excités?

Sol35. Pour déterminer le nombre d'électrons appariés, les configurations électroniques des espèces doivent d'abord être écrites.

Cr possède un total de 24 électrons et Cr^{3+} a perdu 3 électrons, donc 21 électrons: $1s^22s^22p^63s^23p^64s^23d^1$. Cr^{3+} a 1 électron apparié dans l'état fondamental. À l'état excité, 1 électron de l'orbitale $4s$ sera excité à l'orbitale $3d$. Les trois électrons non appariés pourraient se combiner avec des électrons d'autres espèces pour former des liaisons chimiques, comme lors de la formation des complexes.

Cr^{2+} aura 2 électrons non appariés dans l'état fondamental et 4 dans l'état excité.

Cr^{5+} aura 1 électron non apparié dans l'état fondamental et 1 ou plusieurs dans l'état excité, en fonction de nombre d'électrons excités.

Cr^{6+} aura 0 électron non apparié dans l'état fondamental et plusieurs dans l'état excité, en fonction de nombre d'électrons excités.

Q36. En utilisant les configurations électroniques, expliquer pourquoi les métaux (Cu, Ag, Au) ont des conductivités électriques élevées.

Sol36. Les configurations électroniques de Cu, Ag et Au sont les suivantes:

Cu $\quad 1s^22s^22p^63s^23p^64s^13d^{10}$

Ag $\quad 1s^22s^22p^63s^23p^64s^23d^{10}4p^65s^14d^{10}$

Au $\quad 1s^22s^22p^63s^23p^64s^23d^{10}4p^65s^24d^{10}5p^66s^14f^{14}5d^9$

Tous ces métaux partagent des caractéristiques similaires en termes de présence d'un seul électron de valence dans les orbitales ($4s^1$, $5s^1$, $6s^1$). Cet électron peut se déplacer librement et provoquer de fortes répulsions sur les autres électrons. Un électron de valence unique se déplaçant avec peu de résistance conduit à une conductivité électrique élevée.

Table des Matières

Offres de remise	1
Introduction	2
Sommaire	3
1. Atomes comme blocs de constitution	3
1.1. Matière et substances	3
1.2. Éléments et structures d'atomes	4
1.3. Quelques caractéristiques des atomes	5
2. Tableau périodique des éléments	6
3. Modèles électroniques des atomes	7
4. Structure électronique	8
4.1. Nombres quantiques	8
4.2. Niveaux d'énergie des atomes et détermination des configurations électroniques	10
Résumé	11
Références	12
Questions Pratiques et Problèmes avec Solutions	14
Table des matières	32
À Propos De l'Auteur	34

www.ingramcontent.com/pod-product-compliance
Lightning Source LLC
Chambersburg PA
CBHW062236220526
45471CB00009B/3509